小实验串起科学史（全20册）

从玻璃制作到塑料的发明

路虹剑 / 编著

化学工业出版社

·北京·

图书在版编目（CIP）数据

小实验串起科学史．从玻璃制作到塑料的发明／路虹剑编著．—北京：化学工业出版社，2023.10
ISBN 978-7-122-43908-6

Ⅰ．①小… Ⅱ．①路… Ⅲ．①科学实验－青少年读物 Ⅳ．①N33-49

中国国家版本馆 CIP 数据核字（2023）第 137353 号

责任编辑：龚 娟 肖 冉　　装帧设计：王 婧
责任校对：宋 夏　　插 画：关 健

出版发行：化学工业出版社（北京市东城区青年湖南街 13 号 邮政编码 100011）
印 装：盛大（天津）印刷有限公司
710mm×1000mm 1/16 印张 40 字数 400 千字
2024 年 4 月北京第 1 版第 1 次印刷

购书咨询：010-64518888
售后服务：010-64518899
网 址：http://www.cip.com.cn
凡购买本书，如有缺损质量问题，本社销售中心负责调换。

定价：360.00 元（全 20 册）

作者序

在小小的实验里挖呀挖呀挖，挖出了一部科学史！

一个个小小的科学实验，好比一颗颗科学的火种，实验里奇妙、有趣的科学现象，能在瞬间激起孩子的好奇心和探索欲。但这些小实验并不是这套书的目的和重点，它们只是书中一连串探索的开始。

先动手做一个在家里就能完成的科学实验，激发孩子的好奇，自然而然地，孩子会问“为什么”，这时候告诉他这个实验的科学原理，是不是比直接灌输科学知识更能让孩子接受呢？

科学原理揭秘了，孩子的思绪就打开了，会继续追问：这是哪位聪明的科学家发现的？他是怎么发现的呢？利用这个科学发现，又有哪些科学发明呢？这些科学发明又有哪些应用呢？这一连串顺

理成章、自然而然的追问，是不是追问出一部小小的科学史?

你看《从惯性原理到人造卫星》这一册，先从一个有趣的硬币实验（实验还配有视频）开始，通过实验，能对经典物理学中的惯性有个直观的了解；紧接着通过生活中的一些常见现象来加深对惯性的理解，在大脑中建立起看得见摸得着的物理学概念。

接下来，更进一步，会走进科学历史的长河，看看是哪位伟大的科学家首先发现了惯性原理；惯性原理又是如何体现在宇宙中星体的运动里的；是谁第一个设计出来人造卫星，这和惯性有着怎样的关系；我国的第一颗人造卫星是什么时候发射升空的……

这套书共有 20 个分册，每一个分册都有一个核心主题，从古代人类文明，到今天的现代科技，内容跨越了几千年的历史，能读到伽利略、牛顿、法拉第、达尔文等超过 50 位伟大科学家的传奇经历，还能了解到火箭、卫星、无线电、抗生素等数十种改变人类进程的伟大发明的故事。

这套书涉及多个学科，可以引导孩子在无数的“问号”中深度思考，培养出科学精神、科学思维、科学素养。

目录

17

玻璃和塑料是我们在生活中经常见到的两种材料，玻璃很漂亮，塑料轻便又坚固。无论是在生活中，还是在工业领域，这两种材料都有很多的用途。那么关于玻璃和塑料的历史，你都了解多少呢？接下来，让我们先通过一个小实验，感受下材料科学的魅力。

小实验：吸水尿不湿

小朋友们几乎都用过尿不湿，但是你有没有想过，为什么穿上尿不湿之后小便，屁屁感觉不到湿呢？水（小便的主要成分）都去哪里了呢？让我们通过实验来寻找一下答案吧。

实验准备

水、尿不湿、烧杯。

扫码看实验

实验步骤

拆开一包尿不湿，将里面的少量吸水材料放到烧杯中。

往烧杯中倒水，浸没吸水材料，然后观察加水后吸水材料的变化。

当我们把烧杯中的吸水材料拿出来之后，都变成了白色的小颗粒，这是为什么呢？

实验背后的科学原理

我们可以看到，水被从尿不湿中取出来的吸水材料全部吸收了。原本干燥的吸水材料，变成了晶莹剔透的一簇簇小颗粒。这种吸水材料，是一种强大的吸水纤维，可以吸收比自身体积大许多的水分，并能将水分贮存在其中。

生活中有很多不同材质的吸水材料，它们的吸水能力也各不相同。在早些时候，人们常用的吸水材料是海绵、硅胶等，但是这些材料的吸水能力有限。现在常用的是功能高分子材料，这种材料具有吸水能力强、使用方便等优点。例如尿不湿用到的吸水材料就是高吸水树脂（简称 SAP）。

尿不湿应用到了高分子材料

生活中，我们能见到多种多样的材料，比如坚固耐用的金属材料、晶莹剔透的玻璃材料，还有上面实验中提到的具有极强吸水性的高分子化合物材料。不同的材料有不同的用途，给我们的生活带来了便捷。那么，这些材料是如何被人类发现或发明创造出来的呢？让我们不妨聊聊玻璃和塑料这两种代表性的材料。

玻璃的制作历史

事实上，在人类学会如何制造玻璃之前，已经在使用自然生成的玻璃了，尤其是黑曜石（一种火山岩浆冷却后形成的天然玻璃），这种“天然玻璃”被古代人用来制作刀、箭头、珠宝和钱币。

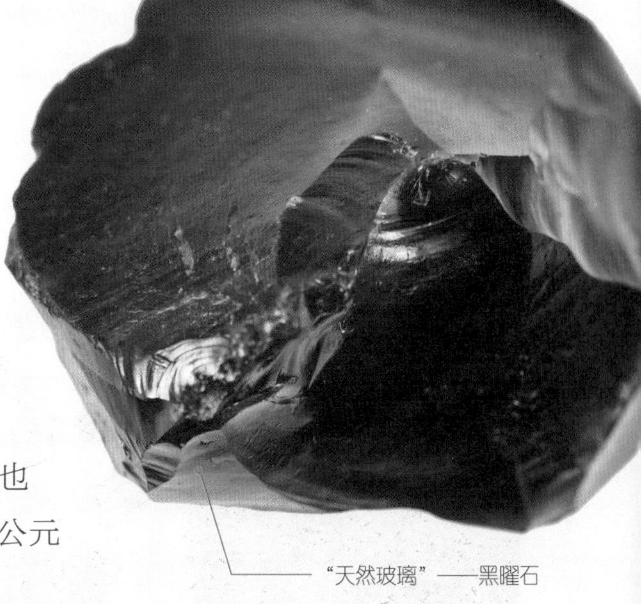

“天然玻璃”——黑曜石

考古学家认为，大约公元前 1500 年，腓尼基商人在叙利亚地区制造了第一批玻璃。但有考古证据的研究表明，人造玻璃第一次出现在大约公元前 2500 年的美索不达米亚和古埃及地区，第一个玻璃器皿也是出现在这个地区，大约在公元前 1500 年。

在接下来的 300 年里，玻璃工业迅速发展，然后衰落。直到公元前 700 年在美索不达米亚复兴，公元前 500 年在古埃及复兴。在接下来的 500 年里，古埃及、叙利亚和地中海东岸的其他国家都是玻璃制造中心。

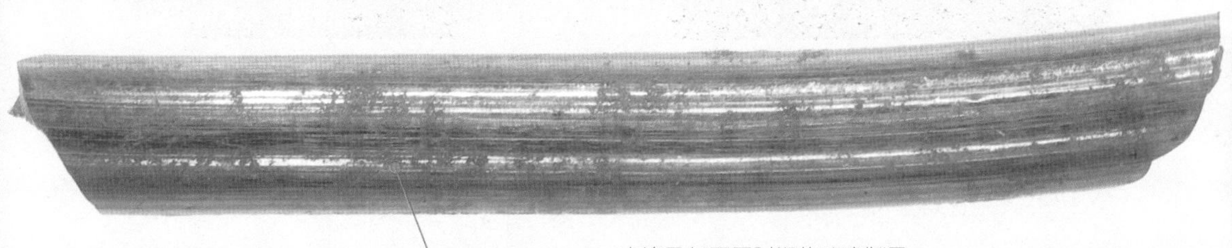

古埃及新王国时期的玻璃制品

玻璃的主要成分为二氧化硅和其他氧化物，它的制作原理其实并不复杂。制作玻璃的主要材料是石英砂（也叫硅砂）、石灰石等，将这些原材料加热到一定的温度，然后让其冷却，通过吹制或倒入预先设计好的模具，就可以塑造成任何形状的玻璃制品。

但对于早期的人类，制造玻璃非常困难，速度也很慢。这是因为他们所使用的玻璃熔炉很小，产生的热量不足以快速、充分地熔化材料。但在公元前 1 世纪，叙利亚工匠发明了吹管制法。这一革命性的发现使玻璃生产更容易、更快、更便宜。

距今有 2000 多年历史的玻璃吹管制法

吹管制法是把空气吹入经过高温加热变为红色的熔化的玻璃中，使其冷却，形成一个球体。它可以用来制作装饮品的容器。以这种方式制作的玻璃器皿开始作为日常生活用品流行起来。罗马帝国的透明玻璃器皿被称为罗马玻璃，这项技术大约在公元 100 年被发明出来。

5 世纪时，人们开始采用切割技术。罗马玻璃的技术被萨珊玻璃所继承。萨珊王朝制作的这种玻璃特点是被切割成了圆形。而随后发展出来了一些新的技术，其中最具有代表性的便是珐琅工艺。

玻璃制作艺术在罗马帝国（公元前 27—公元 1453）繁荣发展，并传播到西欧和地中海，玻璃制品一度成为罗马帝国对外最重要的贸易物品之一。到 13 世纪和 14 世纪，在整个欧洲，大教堂上的彩色玻璃艺术已经达到了顶峰。

公元 4 世纪的罗马玻璃容器

14 世纪晚期到 16 世纪早期，是意大利威尼斯玻璃制造的鼎盛时期，玻璃制造厂如雨后春笋般冒出来。

教堂的彩色玻璃图案

英国玻璃工匠乔治·雷文斯克罗夫特（1618—1681）在 1674 年制得了晶盾玻璃，这是玻璃史上的一个重大突破——在玻璃原料中加入氧化铅，使得制成的玻璃不含气泡，并且有较高的折射率，让玻璃看起来闪闪发光，敲击时还会发出清脆悦耳的声音。

大规模生产玻璃的机械技术始于工业革命的后期，18 世纪末，一位名叫迈克尔·欧文斯的美国玻璃工人发明了一种自动吹瓶机，每小时可以生产约 2500 个瓶子。20 世纪 50 年代，英国皮尔金顿兄弟公司开创了革命性的浮法工艺，今天超过 90% 的平板玻璃使用的都是这种方法。

雷文斯克罗夫特制作的玻璃杯

18 世纪欧洲的玻璃制造厂

今天，玻璃制造已经成为一项现代高科技产业，像我们现在使用到的光纤，其实也是玻璃的一种应用——主要由直径为 125 微米的细玻璃丝组成。而更薄更坚固的玻璃，也在研究当中，相信未来会有更多关于玻璃的伟大发明问世。

谁发明了塑料?

你肯定发现了，日常生活中，我们被塑料（通过加聚或缩聚反应聚合而成的高分子化合物）所包围。许多东西都是由塑料制成的，比如电视、电脑、电话的外壳，文具，餐具和一些包装材料等。我们甚至可以说活在了一个充满塑料的世界里。

塑料很轻，不会腐蚀，可以大规模生产，价格便宜且不易导电或发热，还可以通过加热或施加外力自由改变形状。但是塑料并不像玻璃那样，几千年前就存在于地球上，它是一种被人类发明出来的化学材料。

塑料的发明改变了人们的生活

第一个成功制造塑料化合物的人，是来自英国伯明翰的冶金学家和发明家亚历山大·帕克斯。他的一生有很多发明，并获得了 60 多项专利，但只有一项使他出了名。1850 年左右，他在硝化纤维素中加入樟脑进行了实验，得到一种坚硬但可弯曲的材料，他将其命名为 Parkesine。

在 1855 年到 1862 年期间，他继续完善他的发明，当时他举行了几次公开展示，想证明塑料有令人难以置信的用途，为此他甚至设计了一些家用物品，希望吸引富有的捐赠者帮助他建立自己的企业。

1866 年，他获得了所需的资金，成立了一家公司，目标是大量生产塑料用于商业用途。不过遗憾的是，公司并没有像预期的那样成功。

Parkesine 的后继者是赛璐珞，这是一种硬而不脆的塑料化合物，于 1868 年首次在美国生产。赛璐珞是美国发明家约翰·韦斯利·海厄特（1837—1920）发明的，它具有很强的硬度，并且富有一定的韧性。在一开始，赛璐珞首先被用于替代象牙制造台球，但海厄特意识到，这种材料可以有更大的用途。

以赛璐珞为材质的眼镜架

到了 1890 年，赛璐珞已被制成了各种产品，并作为家庭和工业用品在美国广泛销售。在 1889 年，它被柯达公司用于相机底片；也将其用作了电影胶片。赛璐珞还被用于铅笔盒、衬垫、胶片、梳子、眼镜框和乒乓球等产品的制造。

但是赛璐珞中含有硝化纤维素，具有很高的可燃性，后来便很少用在家庭和工业用品上了。人们需要的是一种既坚固，又轻便，并且安全的材质。于是，塑料出现了。

被关闭的赛璐珞工厂

塑料最重要的发明者是利奥·贝克兰，这是一位出生于比利时的美国化学家，他不仅在1893年发明了高光敏性相纸，还在1907年发明了名为“酚醛”的合成树脂。

酚醛树脂的发明人贝克兰

这种由苯酚和甲醛合成的物质立即获得了成功，使现代塑料工业兴起，塑料进入了每个家庭。

1909年申请专利后，贝克兰立即开始推广，并在他新成立的通用酚醛树脂公司（后来更名为胶木公司）生产塑料产品。这种坚硬且可塑的材料，真正重塑了现代人类历史，成为世界各地数百万件物品最受欢迎的材料之一。

贝克兰的化学合成设备

塑料之所以能取得这样的成功，是因为它的许多特性。其中一个至关重要的特性是：酚醛树脂即使在加热后也能保持其形状，并有绝缘、耐老化等性能使其能够广泛用于电子和电气工业。

在利奥·贝克兰去世的1944年，塑料行业成功地生产了超过17.5万吨的塑料，将其塑造成超过1.5万种不同的物品。

蓬勃发展的塑料行业

塑料在第二次世界大战期间迅速发展，成为飞机和无线电控制器中一些橡胶和其他材料的替代品，并在战后成为人们日常生活中的一个重要组成部分。

今天，我们用到的各种生活用品，如塑料袋、塑料薄膜、塑料瓶、塑料管等，都是塑料制成的，这些用品极大地方便了我们的生活，提高了我们的生活质量。

生产线上的塑料瓶

“最糟糕的发明”

塑料非常实用，坚固不易损坏，可以应用到诸多领域。但就是这个伟大的发明，没想到在英国《卫报》2002 年评选“人类最糟糕的发明”时，竟然夺得头彩。

一提到这个评价很多人可能第一个想到的就是塑料袋。塑料袋，大家都会想到它的轻便，那么塑料袋又有何罪过，让人们在享受它极大便利的同时又给出“最糟糕的发明”这一差评呢？

尽管塑料廉价方便，但会带来严重的污染问题

原因就在于制作塑料袋的材料。它的材料大多是不可降解和不可再生的，化学分子结构非常稳定，以至于人们很多时候只能通过挖土填埋或高温焚烧等方式，对废弃的塑料袋进行处理。

但在土里，塑料袋要经过 200 年以上才能腐烂，其间还会严重污染土壤；而焚烧则会产生大量有害烟尘和有毒气体，这些有毒有害物质会对人的健康以及生态环境带来严重的危害。

废弃的塑料袋对环境的破坏实在是大，但鉴于塑料袋的便利和低成本，要全面禁用也不太现实。对此需要采取更为积极的对策，即采取回收利用和降解相结合的方式解决问题。一方面，对成本高的塑料包装袋进行回收，这在国内外已经成功推广；另一方面，对成本低的塑料袋换用可降解的原材料生产。

减少使用塑料袋可以保护我们地球的环境

其实，对于爱护环境的我们来说，最重要的还是要培养起环保意识，从点滴小事做起，比如购物时自带像纸质或布质这样的循环购物袋等。如此，便利的塑料袋才可以摆脱“最糟糕的发明”的绰号继续为人类造福。

了不起的材料科学

石器时代的石臼和杵

人类社会的发展过程和文明程度，材料是重要标志之一。

在 260 万年之前，原始人以石头为工具，进入了旧石器时代。1 万年前，人类学会了加工石头，创造了各种各样的工具，从而进入了新石器时代。随后，人类在寻找石器的过程中，又认识到了矿石，并由此开创了冶金技术。

商代的青铜器

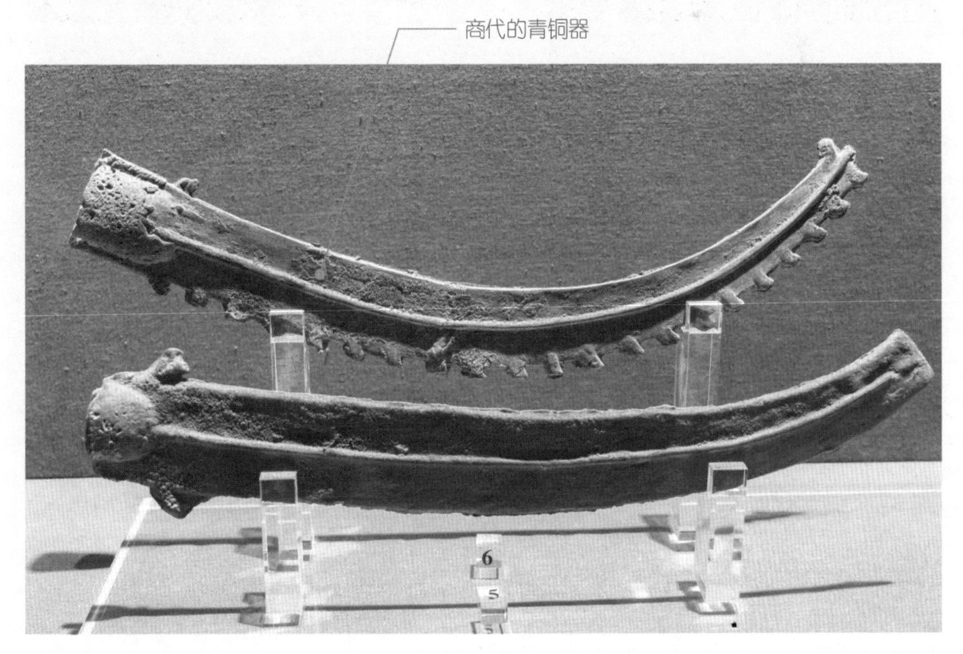

在公元前 5000 年，人类进入了青铜器时代。到了公元前 1200 年，人类学会了铸铁，并逐渐发展出钢的锻造技术。到了 19 世纪，平炉和转炉炼钢技术的出现，让人类进入了钢铁时代。

炼钢技术让人类进入钢铁时代

而进入 20 世纪，随着科学技术的迅猛发展，特别是对化学、物理和生物科学的深入研究，科学家们把目光放到了更具有前景的科技应用领域——新材料。

从 20 世纪中叶开始，随着人工合成高分子材料问世，先后出现尼龙、聚乙烯、聚丙烯、聚四氟乙烯等塑料，以及合成纤维、合成橡胶、高分子合金和功能高分子材料等。仅仅用了几十年时间，高分子材料就已经和拥有数千年历史的金属材料齐头并进，在建筑施工、航空航天、医疗领域、国防军工、交通设施、家居电器等诸多方面，成为不可或缺的材料。甚至可以说，新材料已经走进了千家万户，让人们的生活质量得到了极大的提高。

新材料科学推动了半导体的发展

材料科学推动了人类社会快速前进的步伐。比如说半导体材料，科学家们在 20 世纪初开始研究，到了 20 世纪 50 年代前后，已经制备出锗单晶，随后又相继制备出硅单晶、化合物半导体等。这些功能材料的进步，让电子技术得到了突飞猛进的发展，相继研发出晶体管、集成电路、芯片等，使人类全面进入了信息时代。

材料科学促进了金属、非金属和高分子材料之间的合成应用，并且催生出很多全新的材料领域。比如复合材料技术，这是一种以某种材料为基体，另外一种或多种材料为增强体的新材料技术。这种材料可以获得比单一材料更突出的性能，比如玻璃钢、碳纤维、钛基合金等。这些高性能的复合材料，已经在诸多领域大显身手了。

小实验：缩小的食品袋

我们生活中的很多物品都有新材料的“身影”，比如最常见的包装材料。下面这个小实验，或许能让你对新材料有更直观的了解。

扫码看实验

实验准备

微波炉和两个膨化食品包装袋。

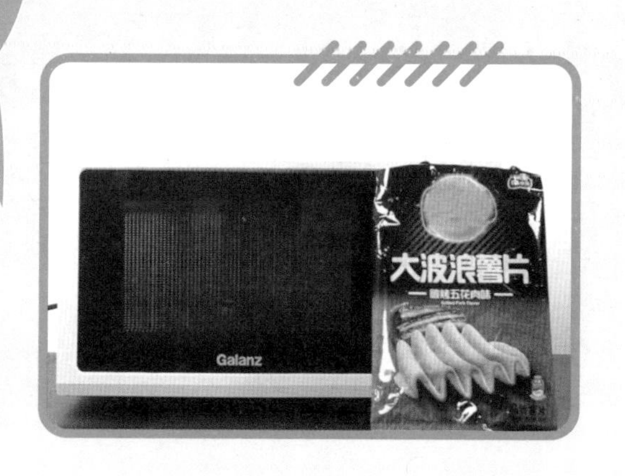

实验步骤

将一个空的包装袋横放在微波炉中。

对包装袋加热 15 秒钟的时间。

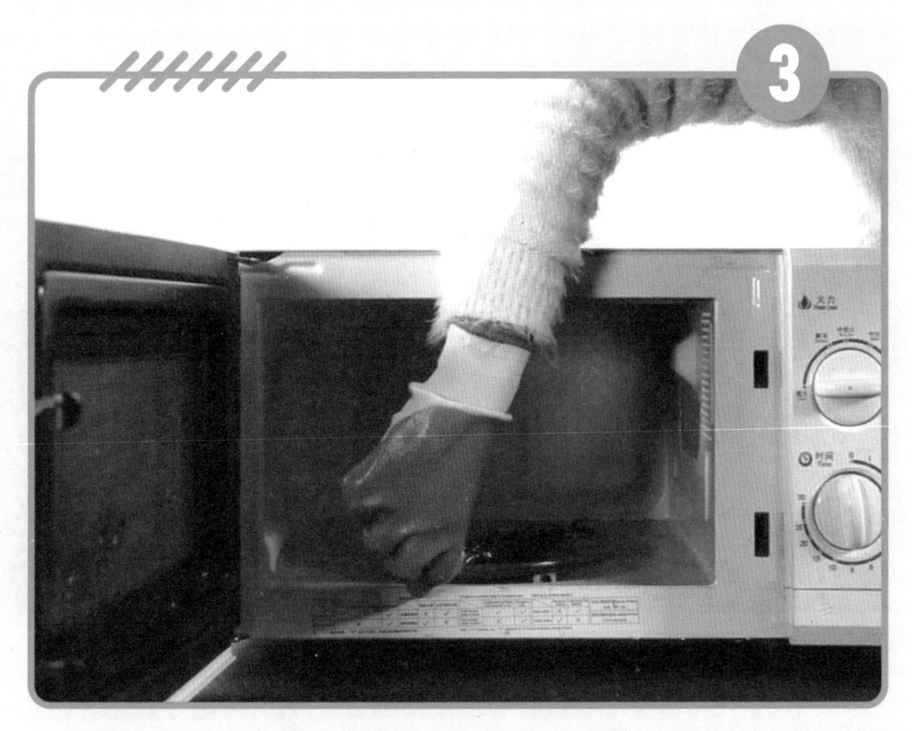

戴好手套，取出包装袋，和未加热过的包装袋进行对比。

经过微波炉加热的包装袋竟然神奇地缩小了，这是为什么呢？其实这里面隐藏着材料科学的知识。

食品的包装袋一般是用高分子聚合物材料做的，这种材料的自然状态是团在一起的，在制作食品包装袋的时候，这些分子被加热，然后拉伸。在微波炉里面加热后，恢复成原来收缩的状态。

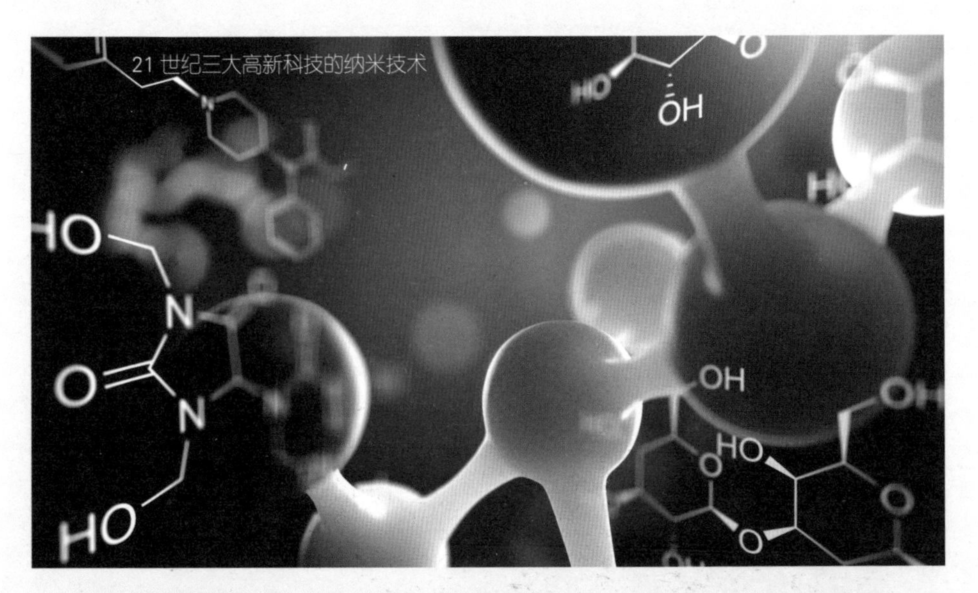

21 世纪三大高新科技的纳米技术

在这里提醒你注意一点，放在微波炉中加热的容器，要使用微波专用的。微波炉专用容器上，一般都会注明“可用于微波炉加热”这样的字样。

17

纳米技术是一种什么技术?

你听说过纳米技术吗？纳米技术和信息技术、生物技术一起被公认为是 21 世纪的三大高新科技，对人类经济、生活等各方面将产生巨大的影响。那么什么是纳米技术呢？

从专业角度来说，纳米技术是一门应用科学技术，主要研究结构尺寸在 0.1 纳米 ~100 纳米范围内的材料的性质和应用，而 1 纳米等于十亿分之一米。

21 世纪三大高新科技的纳米技术

它的出现对人类社会造成了极大的震动，不只在理论方面发展了很多现代学科，还在实际应用方面给人们带来了许多好处。

纳米技术是一门交叉性很强的综合学科，研究的内容涉及现代科技的广阔领域。在实际应用方面，纳米材料正在被分门别类地应用到各领域中，如生物医药、信息技术、机械国防、新能源、环境、纺织等领域，给人们的生活、经济的发展等带来了很多好处。

具有防水特效的纳米衣物

纳米技术虽然高端先进，但人们在平时可以看得见、摸得着、用得上。比如说今天我们所穿的一些防水防油的衣服，就是用纳米材料制作而成的。还有一些防静电的衣服，也是通过把纳米微粒放到制衣材料中，起到减少静电的作用。

再比如在制造业，纳米技术可以用于制造防尘、不导电的“活性玻璃”，以及具有高透明度和柔性的三维屏幕。添加纳米材料的新型钢材更轻，但硬度却毫不逊色。基于纳米复合技术的橡胶轮胎，更加耐磨、防滑，为我们的出行提供更好的安全保障。

纳米机器人可以在血管中工作

在医学领域，纳米机器人、纳米药物的出现，提高了医学诊断和治疗的精确性，为维护人类的生命健康做出贡献。

当然，像纳米技术在内的前沿科学技术和新材料，从诞生至今也就不到百年的历史，尚处于发展的早期阶段，未来一定会有很大的作为。

留给你的思考题

1. 水晶、玻璃和钻石的材质都是透明而坚硬，它们的组成有什么不同呢？你可以查阅资料了解一下。

2. 塑料污染是一个严重的环境问题，在日常生活中，我们可以做点什么事情来减少污染呢？

乐高积木是全球最受欢迎的玩具之一

大名鼎鼎的乐高（Lego）公司诞生于丹麦，最早是生产木制玩具的，如颜色鲜艳的溜溜球、可以回弹的动物玩偶和小卡车等。

直到 1947 年之后，随着塑料合成技术的普及，乐高公司开始研究生产轻便又安全的塑料玩具，经过长达 10 年的不断探索，他们发明了能够很好地咬合在一起、具有凸起和凹孔的塑料积木。

乐高公司在 1958 年申请了这项专利，从此以后，便有了今天在全世界流行的乐高拼插积木。乐高玩具的成功，从某种意义上来讲，也应该感谢材料科学的发展。